八ヶ岳の野鳥に逢いにきました。

柳生博
高柳明音

八ヶ岳の野鳥に逢いにきました。

目次

野鳥のサンクチュアリ、
八ヶ岳南麓の森の中。

「八ヶ岳倶楽部」

今から30数年前、柳生博さんが荒れ果てた八ヶ岳南麓の人工林を買い取り、自ら開墾・植樹して育て上げた雑木林の中に立つギャラリーレストラン。四季折々の樹々の表情を楽しめる散策路や作庭は全て柳生博さんと長男の故・柳生真吾氏、そして家族や森の仲間たちで自力で作り上げた。また全国でも屈指の野鳥の生息地として知られ、人の営みと共存している。それは柳生さんが追い求めた日本の原風景である里山の風景にほかならない。【住】山梨県北杜市大泉町西井出8240-2594【電】0551-38-3395

「耳を澄ませてごらん、
あのさえずりはコガラだね」

「八ヶ岳倶楽部」レストラン棟のエントランス。この奥に広大な雑木林が広がる。森には枕木が敷き詰められ子どもやお年寄りも安心して森の中まで歩いていける。

この森の樹々は鳥の通り道となるべく巧妙に植栽され枝打ちされている。うっそうと茂っているようだが、地面にはちゃんと陽光が差し、山野草などの豊かな植生を育んでいるのだ。

初めて八ヶ岳を訪れた高柳明音さん。野鳥を学び野鳥撮影にも初挑戦する。

さまざまな植物、園芸品やアート作品などを扱うギャラリー棟。日本野鳥の会の公式グッズや鳥関連の図書も数多く取りそろえている。

「八ヶ岳倶楽部」には野鳥だけでなく貴重なニホンミツバチも訪れる。苔むした屋根の上に備え付けられたお手製の巣箱。蜂蜜がレストランで提供されることもある。

撮影：杉坂信（八ヶ岳倶楽部）

八ヶ岳南麓に暮らす俳優の柳生博さん。
鳥が大好きな高柳明音さん。
ちょうどおじいちゃんと孫といった年齢差
の二人に共通するのは鳥を愛する心。
八ヶ岳の雑木林の中を歩きながら、
さまざまな鳥のお話をしました。

〈第一章〉
柳生博・高柳明音 野鳥対談

［2020年夏］

柳生　高柳さんは大の鳥好きだそうだけど、鳥を好きになったきっかけは？

高柳　幼い時によくおばあちゃん家に遊びに行っていたんですが、一緒に近くの公園に遊びに行って、ハトにお米をあげるのが楽しみだったんです。物心が付いた時には鳥がとても身近な存在でした。そのころはまだ鳥を飼ってはいなかったんですが、ずっと見てるのが好きでしたね。

柳生　幼いころの経験というのは大事だよね。

高柳　それと高校生のころ、最寄駅から家まで歩いているとカラスがよくいて、私は鳥に話し掛ける癖があって、カラスにもよく話し掛けていたんです。「何してるの？」「元気？」って。そうしたらある日、そのカラスが15分ぐらい、私の数歩先を振り返りながらずっと歩いていったんです。不思議ですよね。このカラスは私のことを分かっているのかなって思ってうれしくなりました。

柳生　鳥と人間の関係の特徴がよく出ている出来事だよね。鳥はいろんなことをよく覚えているんだよ。きっとそのカラスもよく話し掛けてくれる高柳さんのことを覚えていたんだと思うよ。

高柳　そうかもしれませんね。その時、鳥ってかわいいってすごく思ったんです。このカラスと友達になれたらいいなって。それからいつも近くに鳥がいてくれたら楽しいだろうなと思うようになって、おうちでインコを飼ってみたいと思ったんです。

柳生　高柳さんの周りには鳥を飼っている人はいたの？

高柳　周りには誰もいなかったので知識も何もなかったんですけど…近所のペットショップに見に行って、フィーリングでコザクラインコを選びました。コザクラインコという名前がかわいいなと思って籠をのぞいたら目が合って、この子にしようって思いました。

柳生　ビビッときたんだね。

高柳　そうなんです。でもその時のインコは若くして亡くなってしまったんです。今はコザクラインコのオス2羽にメス1羽、オカメインコのオスとメス1羽ずつ、オスのセキセイインコ1羽を飼っています。

柳生　僕は実は、鳥を飼ったことはないんだよね。

高柳　人間と共存する鳥のことをコンパニオンバードって言うんですが、見て楽しむペットというだけでなく、手に乗ったり、飼い主と遊んだり、コミュニケーションを取る鳥たちがそう呼ばれています。

柳生　そういう言い方があるんだね。それは知らなかった。高柳さんのインコたちには、それぞれに名前を付けてるの？

高柳　はい、付けています。いつかしゃべらせたいと思って、インコは「ぱぴぷぺぽ」が発音しやすいと聞いて、お菓子やアイスクリームの名前を文字って「ぱぴ」「ぷちょ」「ぽぽ」「ぽぷる」という名前を付けました。でも1羽だけ「ぱ行」ではない名前のがいるんです。「とうふ」です。

柳生　どうして「ぱ行」ではない名前にしたの？

高柳　以前『豆腐プロレス』（2017年テレビ朝日系列）というドラマに出演したんですが、それが女子プロレスのお話で、私は「バード高柳」というリングネームを持つ鳥好きなレスラー役だったんです。それでドラマに鳥も参加させようということでセキセイインコが出ることになって、ドラマ終了後にその子をわが家に迎え入れました。なので、番組名にちなんで「とうふ」と名付けました。

柳生　インコと共演したんだね。それはいいね。

高柳　でも名前の話は後日談があって、実は「ぱぴぷぺぽ」の名前を付けた子たちはしゃべらない種類だったんです。当時はまったく知識がなくて、それも知らなくて。せっかく「ぱ行」の名前を付けたんですけどね。「ぱ行」ではない「とうふ」だけがしゃべります。

柳生　しゃべるインコと、しゃべらないインコがいるんだね。おしゃべりするインコはどんな言葉を話すのかな？

高柳　「ふうちゃん」とか、「かわいい」とか言います。

柳生　それはかわいいね。いろいろな言葉を話せるんだね。

高柳　いつも私が「とうふ」を「ふうちゃん」と呼んでいて、「かわいい」って褒めているから、いつも言っている言葉を覚えてくれました。

柳生　インコも個体によって性格も違うんだろうね。

高柳　違いますね。人間が好きな子と、鳥が好きな子がいます。オカメインコのふうちゃんはセキセイインコが好きなんです。でもオカメインコは人間を好きだけど、鳥が苦手な子が多いみたいです。

柳生　インコのそういう話も初めて聞いたな。面白いね。

高柳　コザクラインコのメスの「ぱぴ」はオスの「ぷちょ」のことが好きなんですが、ほかのオスも「ぷちょ」のことが大好きで、「ぷちょ」はオスとよく一緒にいます。卵を産んでほしいのでカップリングしたいんですが、なぜか一緒にいるのはオス同士なんです。

柳生　オス同士のカップルは野生では聞いたことがないな。

高柳　コザクラインコとボタンインコは別名「ラブバード」と言われていて、この相手と決めたら一生その鳥と一緒にいるみたいです。

柳生　それじゃ、ずっとそのオス同士のカップルのままなのかな。

高柳　そういう感じですね。もう1羽のオスも「ぷちょ」のことがいいみたいなんです。鳥の世界にもイケメン？　イケバード？　とかいるんだろうなって思います。「ぷちょ」は誰にでもいい対応するんですよ。人たらし？鳥たらし？　ですよね（笑）。

柳生　人間でもいるよね、そういうタイプ。でも、野鳥で同性カップルは僕は聞いたことがないな。

高柳　子孫を残すためにはカップリングした方がいいんですが、でもコンパニオンバードには同性同士というのもよくあると聞きます。

柳生　野生とはまた違う感じだね。インコはオスとメスで見た目が違うことはあまりないのかな。野生の鳥はオスがとてもおしゃれだよね。

高柳　そうですね、クジャクもきれいな羽を持っているのはオスですよね！

柳生　メスの気を引くためなんだけど、アピールの仕方もいろいろあるんだよ。見た目のおしゃれさだけではなくて、羽をワーッと大きく広げて見せたり、きれいな声でさえずりをしたり、自分で造った家をメスに見せたりする鳥もいるよ。オスはあらゆる手練手管を使ってメスに気に入られようと努力しているんだ。
高柳　人間はおしゃれするのは女性なので、鳥とは逆ですね。
柳生　鳥はカップルになるかどうかを決めるのはメスだからね。とにかくメスを引き寄せようと、オスはおしゃれしてるんだよね。インコも外に連れ出したら、オスはメスに気に入られようと頑張るかもしれないね。
高柳　そうかもしれませんね。でもうちの子たちは、自然の中ではとても生きていけないと思います。ずっと家の中でのんびりと育ってきているので。コザクラインコの女の子の「ぱぴ」は、お見合いをさせてみようかなと考えています。周りに同じ種類のインコを飼っている人がいないので。そんなことさせてみるのもいいかなと思って。
柳生　インコのお見合いなんてあるんだね。どうやってするの？
高柳　いろんな鳥と触れ合える鳥カフェというのがあるんですが、そういう所でお見合いもやっているそうなんです。同じ種類の鳥を会わせてくれるらしいです。

柳生　鳥カフェなんていうのがあるんだね。鳥のお見合いも初めて聞いたな。

高柳　子どもを見たいので、お見合いに挑戦してみようかなと。

柳生　飼ってから何年ぐらい経つのかな？

高柳　もう14年ぐらいになります。ひなの時から餌をふやかしてつぶしてあげたりしながら育ててきたので、かわいいわが子なんです。

柳生　それじゃ、わが子の子ども、つまり孫を見てみたいよね。

高柳　そうなんです。寿命が14年と言われていて、もう年も年なので、お見合いができるかどうか調べてみないと分からないんですけどね。でもチャンスがあるならと思ってます。

柳生　やっぱりコンパニオンバードはずっと一緒にいるから、本当にかわいいんだろうね。

高柳　すごくかわいいです。ずっと一緒にいたいと思いますね。でも最近は飼っているインコを放ってしまう人もいて、野生化して群れになっているのが問題になっていますよね。

柳生　以前、東京の世田谷区や目黒区などあちこちで、インコが大量に群れて大変っていうことがあったな。世田谷区や目黒区は住宅が多くて豊かなエリアだから、緑も多くて休める大きな木があって、餌も豊富なんだよね。だから野生化したインコが集まってきたんだと思う。

高柳　飼われていたインコでも、餌と休む場所が確保できれば野生でも生き抜いていけるんですね。

柳生　でも本来そこにいない生きものが人の手によって放たれてしまうのは、生態系を崩してしまうので、絶対にやっては駄目なことだよ。日本古来の鳥たちはそういう鳥たちに相当に圧迫され、おびえているのではないかな。「八ヶ岳倶楽部」にも、もともと寒冷地にはいないはずのガビチョウがすみ着いているんだよ。

高柳　ガビチョウってどんな鳥なんですか？

柳生　いい声で鳴くってことで中国から輸入されてきた鳥なんだけど、

あまり人気が出なかったんだろうね、放たれてしまったんだよ。

高柳 「八ヶ岳倶楽部」の森ではどんな影響が出ていますか？

柳生 ガビチョウの生活の場はウグイスとほぼ同じでね、低いやぶの中に巣を作るんだけど、ガビチョウはウグイスより体が大きいから、もともといたウグイスがやぶから追い出されてしまうんだよ。僕は「八ヶ岳倶楽部」の森に手を入れる時、ウグイスがすめるようにやぶを残すようにしているんだ。でもせっかく残したやぶをガビチョウが奪ってしまっている状況なんだよ。本来そこにいなかった生物が現れると、もともとそこにいたそれよりも弱い生きものがやられてしまうんだ。

高柳 静かに暮らしていた鳥たちが、本来いるはずのない鳥に自分たちの場所を奪われてしまうなんて悲しすぎますね。やっぱり飼うのなら、しっかり最後まで一緒にいる覚悟をして飼うべきですよね。

柳生 一度野外に放された生物は、二度と人間が管理することはできないからね、飼い切れないなどの理由で放ってしまうことは絶対にしてはいけないことだよ。僕は「八ヶ岳倶楽部」の森に、外来植物も植えないことにしているんだよ。

高柳　「八ヶ岳倶楽部」の森にあるのは、本来そこにある植物だけなんですね。

柳生　息子が子どものころ、チューリップを植えたいと言ったことがあったんだ。でもチューリップはこの森には本来ない植物だから、息子に説明して鉢に植えることにしたんだよ。植物は地球上の命の根源だから、僕たちがその生態系を壊すわけにはいかないんだ。

高柳　そうですね、人間が生態系を壊すことがあってはいけませんよね。ペットを飼う時も、一度飼うと決めたら最後まで責任を持って飼い続ける。すごくあたり前のことですが、しっかりそこを考えてから飼い始めてほしいですね。

柳生　我々人間も大自然の中に入って行く時はきちんと敬意を払わないといけないんだ。ごみの始末や動植物の持ち帰りとか…生態系を崩す行為は言語道断だね。自然といい付き合いをしていきたいね。

「八ヶ岳倶楽部」のレストランから続くデッキは野鳥観察のベストポイントだ。晴れた日には富士山の勇姿を望むこともできる。ここのカウンターは柳生さんの指定席でもある。

柳生　高柳さんはみんなから「ちゅり」と呼ばれているそうだけど、どうして「ちゅり」なの？

高柳　コザクラインコは「ちゅり、ちゅり」って鳴くんです。ＳＫＥ48に入った時によく鳥の話をしていて、「ちゅり」っていう鳴き声もよく口にしていたら、いつの間にか〝鳥の子〟と言われるようになって、そのうち「ちゅり」と呼ばれるようになりました。

柳生　鳥が大好きなら、あだ名も自然と鳥に関するもので呼ばれるようになるなんてうれしいよね。

高柳　ＳＮＳにも鳥のことばかり書き込んでいるんです。鳥がいないと生きていけないぐらい、鳥が大好きです。鳥好きが集まるツイッターもあるんですが、みんなが鳥の名前で交流しています。話題はもちろん鳥のことばかりで、すごくおもしろいですよ。

柳生　みんなに顔と名前を知られている高柳さんは、そういう鳥仲間のリーダーになれる人だと思うんだよね。鳥と人間の通訳的役割を担う人になってほしいな。

高柳　懸け橋になればうれしいなって思います。でももっと鳥について勉強しないとですね。

柳生　そんなに難しく考えなくても大丈夫だよ。知識をいっぱい持つことが大事なのではなくて、鳥が好き、鳥を大切にしたいという気持ちが何より大切なんだ。インコだけではなくて、野生の鳥もいろいろ見てほしいな。僕たちが知っている鳥は鳥の中でわずかだから、君にはいろんな鳥と出会って、感じて、それを発信してほしいなと思う。

高柳　野生の鳥もいろいろ見てみたいなと思っています。特に見たいのが求愛しているところです。インコは飼われているからなのか、求愛行動をあまりしないんです。オスとメスで見た目も変わらないですしね。野鳥はサバイバルだから、いろいろな求愛行動がありますよね。

柳生　それなら春の森に来るといいよ。野鳥の求愛を見ると、自分も恋したくなるよ。春の鳥のさえずりはオスからメスへのラブコールなんだよ。

それと鳥を生きもののシンボルマーク的存在として見てほしいなと思う。以前、日本野鳥の会の会長をしている時に、記者から「鳥は何を思って生きているんでしょうかね？」と聞かれたことがあったんだ。高柳さんはジョンレノンの『ｉｍａｇｉｎｅ』という歌を知っているかな？「天国なんて存在しない。僕らの下に地獄もない。国境なんかない。世界は一つになるんだ」という歌だけど、鳥はそう言っている気がして仕方がないんだ。ツバメは東南アジアから３５００〜４０００㎞、ガンもロシアから何千㎞を飛んでくる。鳥には国境なんてないんだよね。高柳さんにもグローバルに鳥を感じてほしいな。

高柳　本当にそうですね。世界を飛び回る鳥には、国境なんてないですね。自由な世界で、広い視野で、伸び伸びと生きている感じがします。

柳生　ところでツバメがなぜ日本に来るのか知ってるかな？

高柳　いろんな所でツバメを見掛けるけど、考えたことがなかったです。どうしてなんですか？

柳生　ツバメは餌を求めて春に日本にやって来るんだ。子どもを育てるには1日に数百匹の虫を食べさせる必要があるんだよ。大人だけならそこまで食べないから渡ってくる必要がないんだけどね。子育てするのに必要な量の餌があるから日本にくるんだ。

高柳　ツバメはなぜ日本に餌があるって分かるんですか？

柳生　それは鳥瞰しているからだよね。渡ってきて日本に近付くに従ってキラキラ輝いている地面が見えてくるんだ。それは日本に昔からある里山の田んぼなんだよね。春になって水を張った田んぼの水面がキラキラしていて、そこでは水生生物がたくさん羽化する。それがツバメの餌になっているんだ。

高柳　ツバメはよく人間の家の軒下なんかに巣を作りますが、それはどうしてなんですか？

柳生　ツバメは人間がやさしいってことを知っているんだ。昔から遺伝子的に知っているんだろうね。人のそばで暮らすと、カラスやヘビなどの天敵に狙われずに安全に子育てができるからね。人間を信用しているってことだよね。

高柳　わが家にツバメが巣を作ったことはないんですが、ツイッターでもよくツバメの話が出てきます。ツバメが自分の家に巣を作ったとか、赤ちゃんを見守っているところだとか、そういう話を聞くとほのぼのした気持ちになります。鳥と人が共存しているのってすてきだなって思います。

柳生　「八ヶ岳倶楽部」はまさにそうだよ。鳥と人が共存している自然があるのが、ここなんだ。シジュウカラって知ってる？　この森にはシジュウカラをはじめ、ゴジュウカラ、コガラ、ヒガラなんかがいるよ。

高柳　カラが何種類もいるんですね。

柳生　喉にネクタイみたいな模様がある小さい鳥がシジュウカラだよ。昔は神社の縁日で「おみくじ引き」のおみくじを運ぶヤマガラをよく見掛けたんだけど、それはヤマガラの人懐こくて学習能力が高い所を生かしたものなんだよ。そういう習性なんかが分かるともっと楽しいよね。

高柳　人間とすごく近い存在なんですね。

柳生　近い存在だからこそ人間が絶対にやっていけないのは、絶滅させてしまうことだよね。絶滅させては絶対に駄目なんだ。それには野鳥に関心を持つことが何より大事。野鳥の生きている世界に自分の身を置いてみることが一番大切なんだ。だから高柳さんにももっと自然の中に入っていってほしいな。野鳥の世界に自分を置いてなじんでほしいな。

高柳　仕事で忙しくしていると、自然の中に行く機会がなかなか持てないんですけど、それでもできることってありますか？

柳生　近くの公園に行って遠くを眺めてみたらいいよ。シジュウカラを見られるかもしれない。都会で一番出会えるのはシジュウカラなんだ。

高柳　都会でもスズメやカラス以外の野鳥にも出会えるんですね！

柳生　気にしていないと気付かないけど、ヒヨドリやハクセキレイなど都会でも見られる鳥はいろいろいるよ。そして季節ごとぐらいに「八ヶ岳倶楽部」に来て、この森を楽しんでほしいな。

高柳　ぜひ来たいです。鳥を見るならどの季節がお勧めですか？

柳生　季節ごとに木々も鳥も変わるから、どの季節も面白いんだけど、鳥をよく見るなら冬がお勧めだね。異なる種類が集まる「混群」が見られるんだよ。

高柳　混群ってなんですか？

柳生　鳥の博物館みたいにさまざまな種類の鳥が集まって、みんなが同じ餌を食べるんだ。彼らは餌を見付けた時に発する共通語がきっとあるんだね。冬は木々の葉っぱが落ちるから、遠くまでよく見えて鳥も観察しやすいよ。そうやって自分の目で見て、鳥を知っていくことが第一歩だね。心を揺さぶられるような美しい鳥に出会ってほしいな。そうするとさらに知りたいって思うよ。

高柳　知ることって大事ですね。最近は鳥好きということから環境関係のイベントや講演会に呼んでいただくことなどもあって、いろいろな話を聞いたり、学んだりする機会を与えていただいてます。知らないことを知ることができて、とても勉強になっています。

柳生　そういう機会があるのはすごくいいね。世界が広がるよね。君のように鳥が好きでペットとしてインコを飼っているという人と、日本野鳥の会で活動するような僕みたいな人、両方いるのがすごくいいと思うんだ。

高柳　私のように鳥を飼っている人と、野鳥を愛でたり守ったりされている方たちはなかなか接点がないので、柳生さんとお話しして、野鳥について いろいろ知る機会をいただけたことがうれしいです。

柳生　そうだよね。意外と接点がないんだよね。でもどちらも鳥を好きっていう思いは同じだよね。人っていろんな生き方があって、考え方もさまざまだから、鳥との付き合い方もいろいろあっていいと思うんだ。僕はインコをかわいがって、インコに元気や楽しさなどいろいろなパワーをもらっている君みたいな人とも鳥の話をいろいろしたいなって思う。

高柳　そうですね、鳥を愛して大切にしているのはみんな同じですね。

柳生　学者のような鳥を研究する人や鳥についていろんな知識を持って

行動する人はもちろん必要だけど、そことは違う世界にいる鳥好きの君みたいな存在もとても必要だと思うな。全国の人に知られている君だから発信できることがあって、多くの人に伝えることができると思う。

高柳　私にできることはしていきたいなって思います！

柳生　全国のコンパニオンバードが好きな方たちにも、ぜひ野生の鳥も見に行ってほしいと思う。自然の中に出掛けて野鳥を見るっていう楽しみ方を勧めたいね。すぐ近くで「ホーホケキョ」とか鳥の鳴く声が聞こえたら、絶対感動するはずだよ。

高柳　自然の中じゃないと経験できないことですね。場所や季節によっても違う鳥を見られるだろうし、楽しみがどんどん広がる感じですね。

柳生　飼っていなくても、いろんな鳥と共に暮らせるのが自然なんだ。そうやって野鳥と触れ合う中で、飼っている鳥と共に野鳥も大事にしていきたいって感じてもらえたらうれしいな。

「八ヶ岳倶楽部」の枕木の道には所々にこんなベンチも設けられている。建物からわずかな距離なのに大自然に抱かれているような錯覚を覚える。じっと座っていると野鳥たちのさえずりが聞こえてくる。

この雑木林の中には何種類もの野鳥がすんでいる。建物の近くにいる人懐こい鳥、臆病で森の奥にしかいない鳥……。枕木の小道に足を踏み入れ、じっと佇んでいるとそんな鳥たちの気配を感じる。

高柳　父が森や川などの自然が好きで、小さいころからよく森に探検に行ったりしていました。その経験は自分の中ですごく大きくて、自然も鳥も虫も好きな今につながっているのかなと思います。

柳生　それはすごくいい経験だね。しっかりと今につながっていると思うよ。今は家に閉じこもってゲームばっかりしている子が多いけど、君は違ったんだね。小さい時に自然の中でワクワクドキドキすることは、すごく大事なことなんだよ。

高柳　私もいつか自分に子どもたちができたら、自然の中にたくさん連れていきたいなって思っています。小さかったけど、自然の中で感じたあの開放感は今も鮮明に覚えているので。

柳生　それはすごい宝物だよ。君のそういう言葉をきっかけに、10代、20代の若い子たちがちょっと自然の中に行ってみようかなって思うようになって、野山に出掛ける人が増えるとうれしいな。

高柳　そういうきっかけになれれば、私もうれしいです。私ももっと自然の中に出掛けていきたいです。

柳生　登山でもハイキングでも自然の中に行く時は、山頂など最終地点にたどり着くことだけが目的ではなくて、途中で出会う植物や生きものも楽しんでほしいなって思うな。

高柳　そういう出会いが楽しいですよね。私は父と野山に行った時、花の甘い蜜を吸ったりするのも教えてもらいました。自然の中でないと経験できないワクワクすることですよね。今の子たちはそういうことしないんだろうな。もったいないですよね。

柳生　昔はそうやって親が教えてくれたけど、今はそういう経験をしている子は少ないだろうね。本当にもったいないなって思うよ。自分が経験していないと、親になった時に子どもに伝えることもできないからね。ぜひ子どもたちには親と一緒に自然の中に入っていって、さまざまな経験をしてほしいな。「八ヶ岳倶楽部」の森にいるだけでも都会にはないいろんな経験ができるから、遊びに来てほしいね。

高柳　ここの森は本当に心地いいですね。いるだけで気持ちが自然と和らいでいくのを感じます。

柳生　こういう自然の中でこそ、人の五感は研ぎ澄まされるんだよね。そうすると、それまでとは違う感情があふれてきたり、気付かなかったことに気付けたりもする。

高柳　東京にずっといると自然と触れ合う機会がなくて、気持ち的にも忙しいので、植物の匂いや鳥の声なんかを感じることさえ忘れています。時々はここに来ないとですね。

柳生　そうだよ、ちょくちょくおいで。待ってるよ。

高柳　初めは野鳥って難しいかなと思っていたけど、こうやって自然に囲まれた中で柳生さんとお話ししていると、楽しそうだな、面白そうだなって思います。覚えようとして覚えるのではなくて、自然の中で実際に野鳥を見たり、鳥にまつわる面白い話を聞いたりしていると、自然と覚えられるような気がします。

柳生　少しずつ興味が湧いたものや気になるものが増えて、知るようになっていくのがいいと思うな。そうやって知ったことを、いつか自分の子どもや孫にも伝えてほしいね。

高柳　私はずっと鳥と生きていこう、鳥と共存していこうと決めているので、もっといろんな鳥のことを少しずつでも知っていきたいなと思います。コンパニオンバードを好きになったことをきっかけに、野生の鳥も気になるようになり、飼っている鳥も野鳥も大切にしていきたいと思うようになりました。

柳生　君にはぜひ鳥の原点も知ってほしいな。どんな声で鳴くのか、どんなものを食べるのかなど、だんだん分かってくるよ。

高柳　分かることが増えていくと、もっと楽しくなって、さらに知りたくなってくるんでしょうね。

柳生　鳥をきっかけにコミュニケーションも広がっていくよ。これまでつながることがなかった人とも知り合いになって、世界がどんどん広がっていく。そうするとさらにいろんなことに興味が湧いて、勉強もするし、教えてくれる人とももっとつながっていくはずだよ。僕も君といろいろな話をして、すごく刺激を受けたな。これまで鳥が大好きでいろんな活動をしてきたけど、飼うということだけはしたことがなかったので、そういう話を聞けることも楽しいし、勉強になるね。

高柳　コンパニオンバードについてもまだまだ知らないことがたくさんあります。知ることはすごく楽しいことだなって今回あらためて感じたので、これからコンパニオンバードと共に、野生の鳥のこともいろいろ知っていきたいと思います。

柳生　知らないことを教えてもらうのが、人生で一番楽しいことだよね。それとぜひ海外にも出てみてほしいな。海外の自然は本当にすごいから。

高柳　海外の自然も経験してみたいです。やっぱり自分の目で見て、感じることが大事ですよね。

柳生　きっとすごく素敵な経験になるよ。

ステージと呼ばれるギャラリー棟のテラス。ここでは日本中のさまざまな作家の個展が開かれている。鳥や動物などをモチーフにした作品作りをする作家も多い。

高柳　野鳥を見る時に大切なことって何ですか？

柳生　五感を全開にすることだね。いろんなものを感じる能力が五感だから、それを全開にしてほしいな。僕は都内から八ヶ岳に戻ってくる時は、どんなに寒くても暑くても、高速道路を下りたら窓を全開にして空気の匂いを感じるんだ。季節の移ろいは匂いが運んでくるからね。

高柳　確かに空気の匂いってありますね。

柳生　「花鳥風月」って分かるかな？　自然の美しい風物のことを表すんだけど、花は植物のシンボルマーク、鳥は動物のシンボルマークなんだよね。中でも自由に空を飛ぶ鳥は「花鳥風月」のトップランナーだと思うな。鳥を見ることで季節を感じることができるんだ。例えば昔はカッコウが鳴いたらそろそろ田植えの時期だとか、ホトトギスが鳴いたら豆を撒く時期が来たとか、そういった「農事暦」は鳥の飛来や生態とすごく関連付けられているんだ。

高柳　昔の人は自然に倣って生活をしてたんですね。「花鳥風月」の風と月にはどんな意味があるんですか？

柳生　風には四季が鮮やかにあって、香りも雨も雪も運んでくる。月は暗闇のことだと僕は思うんだよね。暗闇では自分の手さえも見えないんだけど、ちょっと経つと新月で見えてくる。満月だと外で本が読めるぐらい明るいんだ。

高柳　月の光で本を読むことなんてできるんですか？　修業すると読めるようになったりするんですか？

柳生　いやいや（笑）、誰でも読めるよ。昔は満月に合わせて移動していたくらいだからね。それだけ明るいんだ。

高柳　月も好きですけど、私は星空が大好きなんです。家族も星が好きで、子どものころは流星群が見られるっていうと家族で近くの公園に毛布持参で行って、すべり台の上で毛布をかぶって空を見上げていました。

柳生　いろんな自然体験をさせてくれたすてきなご家族だね。八ヶ岳の星空は本当にすごいから、ぜひ星空も楽しんでみてほしいな。

八ヶ岳山麓は高い標高、澄んだ空気と広い空、そして周りに市街地がないことなどから「星の聖地」として愛好家に知られている。夏は天の川、冬のオリオン座、春夏秋の大三角、秋の四辺形など四季折々の星空が楽しめる。撮影:杉坂信(八ヶ岳倶楽部)

「野鳥のさえずりは求愛行動なんだよ」「うちのインコたちもさえずります！」「それは高柳さんへの求愛行動かもしれないね。彼らは君と会話がしたいんだよ」。たわいもない会話が鳥を媒介にして成立する、明音とじいじの木洩れ日の中のひととき。

高柳　「八ヶ岳倶楽部」の森はすごく癒される所ですよね。この森ならではの光景ってどんな光景ですか？

柳生　「八ヶ岳倶楽部」の森で一番見応えがあるのが木洩れ日だね。夕方、陽が沈み始めると西日が横から入り込んできて、白樺の幹がワーッと浮き出て輝き出すんだ。言葉にできない美しさだよ。木洩れ日は日本ならではの美しいものだよね。以前、イギリスのアッテンボローという有名な動植物学者と木洩れ日の美しさについて話したことがあるんだけど、彼は一言で表現できる英語っていうのはないって言うんだ。木洩れ日って言葉を生み出した日本人独特の感性だよね。

高柳　私も木洩れ日ってすごく好きです。この森はのんびりと眺めているだけでも心が穏やかになりますね。木洩れ日ってどの森でも見られるものなんですか？

柳生　手を入れてあげないと木洩れ日はないんだよ。定期的に高い木の枝打ちをして、下まで陽の光が入るようにしてあげないと、うっそうとした薄暗い森になってしまうんだ。僕は木洩れ日を作るために野良仕事をしていると言ってもいいぐらいだね。それぐらい木洩れ日はいいものだよ。でも、かつてここは沈黙の森だったんだ。

高柳　沈黙の森？

柳生　この辺りは昔、カラマツの人工林だったんだ。まったく手を入れていなかったから、高い木が生い茂っていて下まで光が届かなかったんだ。そうすると低い樹木や草花などが育たなくて、そういう森には虫も集まらない。虫を餌にしている鳥もやってこない。まさに沈黙の森だったんだよ。

高柳　今の森からはとても想像できないですね。それだけ柳生さんが時間を掛けて、愛情を込めて作り上げてきたからこそ、美しい木洩れ日のある森になったんですね。

柳生　紅葉の季節は特に美しいんだよ。この森はどの木も紅葉するからね。富士山もここから見えるんだけど、紅葉と富士山の組み合わせが本当に素晴らしいんだ。それを楽しみに毎年多くの人が全国から訪れるよ。

高柳　さまざまな美しい色の紅葉と凛とそびえる富士山の共演なんてすてきですね。すごく見てみたいです。

柳生　ぜひ見においで。見るべきだと思うよ(笑)。

高柳　鳥たちがやって来るようになったのも、木洩れ日のある森になってからなんですか？

柳生　そうだね、この森を作ってから、本当にたくさんの鳥がやって来るようになったよ。駐車場にある大きな木には穴が開いているでしょう？キツツキがすんでいるんだよ。見えるかな？

高柳　ほんとだ、穴がありますね。キツツキの穴を初めて見ました。

柳生　キツツキは親子代々、同じ所で生活するんだ。

高柳　何代も、何年も、同じ場所で暮らすんですか？　知らなかったです。

柳生　森にはさまざまな鳥がいるんだけど、いつからかだったかな、私が長靴を履いて手袋をはめて森に出る格好をすると、鳥たちが僕の頭上にワーッと集まってくるようになったんだ。孫たちには、小さい時は「ピヨピヨじいじ」と呼ばれていたよ。

高柳　すごい！　でも、なんで柳生さんが森に出る格好をすると、鳥たちが集まるんですか？　どんな仕組みなんですか？

柳生　鳥は学習能力が高いんだよね。僕が森で土を掘り起こしたり、木を植えたりし始めると虫たちが動き出す。鳥たちはその光景を空の上から文字通り鳥瞰しているんだ。僕が動くと餌として大事な虫がたくさん土の中から出てくるってことを学習していて、野良仕事スタイルの僕を見ただけで、自分たちの餌と結び付けて考えられるようになっているんだ。

高柳　鳥って頭がいいですね。

柳生　学習はしているけど、脳みそで分かっているのではなくて、鳥瞰ということだよね。あらゆる生きものの中で、上から俯瞰できるのは鳥だけだからね。

高柳　高く空を飛べなくては俯瞰なんてできないですもんね。

柳生　それ以外にも鳥はいろんな能力を持っていて、鳥の能力は人間の考えるものをはるかに超えているんだよ。オオルリという鳥は夜に4000㎞の距離を飛ぶんだ。

高柳　夜に飛ぶんですか？　よく鳥目って言いますが、鳥の目は夜は見えにくいんではないんですか？

柳生　猛禽類に襲われないためにあえて夜に飛ぶんだけど、俯瞰しながら飛んでいるんだよ。

高柳　真っ暗な中で、どうやって方角とか分かるんですか？

柳生　それは北斗七星を見て飛んでいるんだ。

高柳　星を目印にしているんですね。

柳生　星は大切な目印になっているんだよ。あと鷹柱っていうのを知ってるかな？　タカやワシなんかの猛禽類が複数で上昇気流に乗って旋回しながら柱のように空中を上がっていくことなんだけど、南に流れる気流に乗っていくんだよ。

高柳　鳥はいろいろなことを本能的に分かっているんですね。

柳生　鳥は人間とはまったく違う生きものだからね。鳥は8000万年以上も前から生きている恐竜の一種なんだ。

高柳　恐竜の一種なんですか？　驚きです。

柳生　恐竜がなんで飛べるようになったかというと、噴火などで地球が滅びようとした時、ある種類が進化したんだ。ものすごく軽くなって飛べるようになったんだ。軽くなるために骨の中が空洞になったんだよ。

高柳　鳥の骨の中って空洞でしたっけ？

柳生　君は名古屋出身だったよね。名古屋名物の手羽先をよく食べるかな？　手羽先の骨って空洞になっているでしょう？

高柳　そう言えばそうですね。確かに空洞です。

柳生　鳥はそこまで軽くなったのが大成功だったんだね。軽くなって、腕の先を伸ばして羽になって、飛べるようになったんだよ。

高柳　なるほど。面白いですね。

柳生　鳥は脳で考えるのではないところで進化し、生き延びてきたやつなんだよ。人間より、どの生きものより、はるかに大先輩だね。それほどすごい生きものなのに、これほど人間に姿を見せてくれる生きものは鳥の他にいないよね。キツネやイノシシを見ることはあるけど、それはたまたま見掛けることができただけで、彼らは夜行性で人から見えないように生きている。でも、鳥はいつでもその姿を人間に見せている。そういう生きものは本当に少ないよね。

高柳　確かに、これだけいつでも誰でも見ることができる生きものって、鳥の他にいないですね。

柳生　外国からダイレクトに自由に日本にやって来て、季節が変わるとまた外国へ帰っていく生きものも他にいないよね。

高柳　確かに海外と自由に行き来している生きものなんて他にはいませんね。あ、海の魚も国境はないですよね。でも鳥みたいに身近には見れませんけど(笑)。

柳生　野生の鳥も飼っている鳥も同じように、みんなほがらかなんだよね。

人を怖がらず、いろんな姿を見せてくれる。だから人間の暮らしの身近な所にいられるんだ。僕の周りにも小さいころからいつもいろんな鳥がいたな。だから鳥を飼う必要も感じなかったんだと思う。

高柳　柳生さんが小さいころは、今よりもっと生活の中に鳥の存在がたくさんあったんでしょうね。

柳生　そうだね、とても身近な存在だったね。僕が鳥を美しいと思った原点は、やっぱりふるさとでの光景だな。

高柳　どんな光景なんですか？

柳生　僕は茨城県の霞ケ浦の農家の息子なんだけど、毎年秋になると家のすぐ近くにロシアから何万羽のガンやカモなんかの大型の水鳥が渡ってくるんだ。中学と高校は自転車で通学してたんだけど、自転車に乗っているると空が急に暗くなって、上を見ると数千羽が飛んでいるんだよね。すると突然、一斉に翼を縮めて回りながら下りてきて、シュッと田んぼに降り立つんだ。その光景がとても美しかったな。

高柳　数千羽が田んぼに降り立つ姿はすごい迫力がありそうですね。そういう美しい光景は、ずっと自分の中に残っているものなんでしょうね。

柳生　「八ヶ岳倶楽部」の森にはシジュウカラやコガラ、ゴジュウカラといったいろんなカラ類が来るんだ。10数年前のことになるんだけど、その鳥たちが何か音を発したなと思った途端に、一斉に隠れたことがあったんだ。「静かに！」みたいな感じで。種類が違っても共通する言葉がきっとあるんだろうね。みんなが一斉に身を潜めたんだよ。それで何か気配を感じるなと思って空を見上げたら、僕の頭上に2ｍ以上の翼を広げたイヌワシが飛んで来たんだよ。

高柳　八ヶ岳にはイヌワシがいるんですか?!　イヌワシは、一度は見てみたい鳥なんです！

柳生　天然記念物でもあるイヌワシは八ヶ岳の地元でもなかなか見ることができなくて、いつかは見たいと思ってたんだけど、その時に突然見ることができたんだ。そのイヌワシは両翼と尾羽に鮮やかな白い斑点が3

つあって、地元ではそれを三ツ星鷹と呼ぶんだけど、生まれて2〜3年の若鳥にしかないんだ。

高柳　イヌワシは大人になるまでにどれぐらい掛かるんですか？

柳生　成鳥になるまでに数年掛かると言われているね。繁殖できる年齢になるまで三ツ星があり、それ以降は消えてしまうんだ。

高柳　三ツ星のあるイヌワシに遭遇するのは、すごく貴重なんですね。

柳生　そうなんだよ。それはもう幸せな気持ちだったよ。あんなにうれしかったことはないね。

高柳　やっぱりすごい迫力でしたか？

柳生　すごい存在感だったね。昔は日本のどこにでもイヌワシがいたんだ。昔、畑仕事をしている時、田んぼの畔や木陰に赤ちゃんを籠に入れて寝かしておくと、突然赤ちゃんがいなくなって、天狗にさらわれたという話をよく耳にしたんだけど、僕はそれはイヌワシだと思うんだよね。イヌワシは野ウサギやヤマドリ、シカの子どもなどを狩るんだけど、赤ちゃんをさらっていくこともあったと思うな。

高柳　2mもの翼を持っているイヌワシなら可能かもしれませんね。

柳生　イヌワシは食物連鎖の頂点に立っていて、死骸は食べないんだ。オオワシなんかは死んだ魚を食べるけど、イヌワシは生きたものしか食べない。それだけに絶滅の危機にもあるんだけど、そういう孤高の存在だからこそ、畏敬の念を持ってしまうんだよね。鳥の中でも最高に尊敬しているよ。八ヶ岳山麓には森があり、イヌワシの餌となる小動物もいる。イヌワシの営巣地にふさわしい断崖絶壁の岩棚もあるんだ、実は。イヌワシのイヌは天狗の「狗」という字を書くんだけど、日本には天狗岩とか天狗岳、天狗山といった天狗の名がたくさんある。イヌワシが巣を作ってきたからだろうね。八ヶ岳にイヌワシがすみ着いてくれたら、こんなうれしいことはないな。

巣箱の穴にはルールがある。例えばカラ類の穴の直径は28〜30㎜。それ以上でも以下でもカラ類は巣箱に入らない。

標高1360mの「八ヶ岳倶楽部」では真夏でも薪ストーブをたくことがある。薪は森を間伐した木々で得ている。決して無駄にはしない。古くからの日本の里山方式のサスティナブルな営みなのだ。

高柳　私はよく静岡県の掛川花鳥園に遊びに行くんですが、柳生さんはバードパークなどに行くことがありますか？

柳生　僕は名古屋市の東山動植物園によく通ったな。再生検討委員会の委員を務めていたことがあって、委員会や講演会などがあるたびに足を運んでいたよ。花鳥園や動植物園は、普段見ることができない鳥たちがたくさんいるからすごくいいよね。

高柳　自分では飼うことのできないいろんな鳥と触れ合えるのが、とても楽しいです。私はハシビロコウを見るのがすごく好きなんです。あんなに大きい鳥なのに何時間も動かなくて、怖いようでいてどこか可愛らしい顔も大好きです。

柳生　僕は野生のハシビロコウを番組のロケで訪れた海外で見たことがあるな。すごく存在感があるよね。他の鳥にはない摩訶不思議な魅力を持っている鳥だね。

高柳　野生のハシビロコウを見たことがあるんですか！　すごく羨まし

いです。私もいつか、野生のハシビロコウを見てみたいです。

柳生　世界には本当にいろんな種類の鳥がいるから、さまざまな国を訪れてみるといいよ。

高柳　3〜4年前にファースト写真集を出したんですが、その時の撮影地がマレーシアだったんです。実はマレーシアを撮影地に選んだのは、「クアラルンプール・バードパーク」に行きたいからっていうのもあったんです（笑）。前から一度行ってみたいと思っていて。

柳生　そこはどんなバードパークなの？

高柳　クアラルンプールの街中にポンと置かれたような、そこだけ自然が広がっている感じのバードパークなんです。パーク内では南国の鳥たちが自由に飛び回っていて、ご飯をあげたり、間近に触れ合うこともできるんです。鳥好きにはたまらない所です。

柳生　いろいろな鳥を見られそうだね。自然の中で野生の生きものを見るのも大事だけど、街中にある動植物園もすごく大事だと思うな。日本で一度は絶滅してしまったコウノトリを実際に見られるのも、動植物園などがあるからだからね。それに自然の中に出掛けていくのがまだ難しい小さな子どもたちも、安全に安心して動植物と触れ合えるよね。

高柳　普通に生活していたのでは絶対に見られない鳥たちを見られるバードパークや動植物園ってすごいですよね。

柳生　動植物園で珍しい鳥たちを見られるのは、それを研究している人たちがいるからこそだよね。研究者がたくさんいることは、とても大事なことだよね。でも、科学だけ発展していっても駄目なんだ。そこにはロマンも必要なんだよ。

高柳　ロマンですか？

柳生　君が幼いころ、お父さんに自然の中で教えてもらったこと、ワクワクドキドキしたこと、それがまさにロマンだよね。科学が進歩すればするほど、そういうロマンが大切になってくるんだ。僕が約10年間、取材とナレーションを担当したＮＨＫテレビの『生きもの地球紀行』という番組があるんだけど、その番組は1回の放送ごとにスタッフが半年掛かりで下調べをして、準備を重ねに重ねて作っているんだ。

高柳　どんな生きものを取材されてきたんですか？

柳生　ミジンコからクジラに至るまで、本当にさまざまな野生の生きものを追ってきたよ。取材のたびに野生の生きものってすごいな、素晴らしいな、なんて美しいんだって感動したよ。

高柳　柳生さんは本当にたくさんの野生の生きものに出会ってきているんですね。すごく羨ましいです。

柳生　その番組のポリシーが「左手にサイエンス！　右手にロマン！」だったんだ。生きものたちの生態をより具体的に科学の目で見つめ、詩人の魂を持って語ること。番組作りにはその両方が必要で、僕もスタッフもそれを大切にしていたんだ。

高柳　サイエンスとロマン、どちらか一方だけでは駄目なんですね。どちらもあるから自然を守っていくことができるんですね。

初めての野鳥撮影。最初のころは気配は感じても…全く目視できず。しかし数時間もたつとレンズで捉えることもできるようになりました。鳥とはやはり相思相愛なのかもしれません。

柳生　高柳さんは写真も撮るんだってね。どんなきっかけでカメラを始めたのかな？

高柳　家で飼っているインコを撮りたくて始めました。かわいくて2時間で2000枚とか撮っちゃうんです。限りある命ですから、残しておきたいなと思ったんです。

柳生　ぜひ野鳥も撮ってほしいねえ。八ヶ岳南麓のわが家で見る鳥たちの中で色が一番美しいのは、なんと言ってもオオルリのオスだね。喉が黒くて胸が白いので、下から見ると単にモノトーンの鳥なんだけど、頭から背中の瑠璃色は光沢があって、本当にきれいなんだ。一度見たら忘れられないほど美しいよ。

高柳　そんなに美しい瑠璃色なんですか！　私も自分の目で見てみたいです。でも鳥はいつも高い所にいるから、下から見上げるしかないですよね。背中の瑠璃色を見るのはかなり難しいですね。

柳生　それが「八ヶ岳倶楽部」の森では見られるんだよ。ここの東側は沢になっていて、70～80m垂直に下っているから、鳥が飛んでいる姿を上から見ることができるんだ。オオルリもやって来るし、キビタキも来るよ。オオルリは木の上でさえずるから、普通は下からしか撮れないけど、「八ヶ岳倶楽部」の森では上から撮ることができるんだ。上から見るオオルリはそれは美しいよ。

高柳　すごいですね！　野生の鳥を上から見られるなんて。

柳生　他ではなかなか見られないだろうね。森でもいろんな鳥に出会えるよ。僕がよく森で枝を切っていると、キビタキやカッコウの鳴き声が聞こえてきて、そのうち姿を見せてくれるんだ。キビタキのオスは、オオルリのオスの次に美しいね。喉から胸にかけてのオレンジ色がとても鮮やかで、見飽きることがないな。うちの窓ガラスからほんの2，3mの所にあるカエデやコマユミの木の細い枝に1日中いることもあるよ。森で仕事をしている時、陽の光が反射してオレンジ色が鮮やかに輝く姿を見ることがあるんだけど、その瞬間、思わず木から落ちそうになったこともあるよ。それぐらい、言葉にできないほどの美しさなんだ。

高柳　陽の光が鳥の姿をさらに美しくしているんですね。

柳生　自然の中ならではの美しさだよね。君にはぜひそういう野生の鳥の姿をたくさん見てほしいな。野生の鳥は写真に撮っても楽しいと思うよ。でも、写真を撮る時は注意が必要だよ。人間の都合で撮りたいだけ撮ってはいけないよね。

高柳　そうですね、鳥の暮らしを脅かすような撮り方をすることは絶対に駄目ですよね。

柳生　でも、世の中には珍しい鳥を撮りたいという人は多くいて、撮りたいという思いだけで無謀な行動に出る人もいて、それが各地で問題になっているんだ。人が野鳥の巣に近付いたり、撮影しようと巣をいじったり、フラッシュをたいたりすると、鳥はせっかく見付けたすみかを放棄してしまうんだよ。

高柳　鳥が好きで、その自然の姿を撮影したいと思っているのなら、まず鳥のことを第一に考えるべきですよね。

柳生　子育てをしている時は特に敏感だから、人間が近付いたことで、親鳥が子育てを放棄してしまうこともあるんだ。そういう鳥の生態や状況もきちんと知った上で、鳥の生活に影響を与えないスタイルで撮ることが必要だね。

高柳　野生の鳥を観察する時もそうですね。ルールを守ることは絶対に必要ですね。私もしっかり勉強してから撮りに行きたいと思います。鳥のことをもっとよく知ることで、出会えた時や撮影した時の感動も大きくなりそうですね。

柳生　知れば知るほど楽しくなって、もっと知りたいと思うはずだよ。それには自然の中に足を運んで、五感で感じるのが一番！　どんどん自然の中に出て行ってほしいな。そして、そこで感じた楽しさや驚き、感動を発信して、多くの人に伝えていってほしいね。

〈第二章〉野鳥の撮り方。

大自然の中で鑑賞する野鳥。
バードウオッチングは楽しいけれど、
写真で残せたらもっと野鳥散策が好きになります。
鳥が大好きでカメラが趣味の高柳明音さんが
念願の野鳥撮影デビューです。
野鳥撮影にふさわしい紅葉の季節に、
八ヶ岳を再訪しました。

使用した機材（全て富士フイルム）

【カメラボディ】
X-T4

【レンズ】
XF100-400mmF4.5-5.6 R LM OIS WR
XF200mmF2 R LM OIS WR
XF55-200mmF3.5-4.8 R LM OIS
XF16-80mmF4 R OIS WR

「どんなカメラで、どう撮ったらいいですか。」

スマホやデジカメで自分の飼っている鳥たちを数多く撮り、SNSや写真展でも披露している高柳明音さんの写真はファンや鳥愛好家の間で大評判。しかし、実は野鳥の写真は撮ったことがなかったのです。そこで今回は野鳥撮影歴8年の杉坂信さんに撮影の仕方からマナーまでを教えてもらいました。

今回使ったのは、富士フイルムの最新機材X-T4。このカメラはビギナーでも森の中で野鳥を撮影するに最適の機材なのです。

また、野鳥撮影には独特の技術やノウハウが必要。マナーやルールも大切です。ここではそんな初歩的なことを学びます。

[X-T4が野鳥撮影に向いているわけ]

①軽量なので野鳥を追って森の中を軽快に動き回ることができます。
②ミラーレスなのでシャッター音が静か。野鳥を驚かせることがありません。
③電子シャッターで高速AFと高速連写が可能。野鳥のトリッキーな動きにも対応できます。
④IBISの搭載で三脚が使えなくても手ブレがありません。荷物が最小限で済みます。
⑤APS-Cセンサーなので、35㎜フルサイズセンサーに比べて同じ焦点距離で1.5倍の画角になります。

[X-T4にベストマッチの望遠レンズ]

野鳥を撮影する場合、望遠レンズは必須です。最低でも200～300mm程度。できれば35mmフルサイズ換算で600mmのレンズがあると撮影の幅が広がります。今回の富士フイルムX-T4とレンズXF100-400mm F4.5-5.6 R LM OIS WRの組み合わせならフルサイズ換算で150-600mm相当をカバー。総重量も1982kgと比較的軽量です。

教えてくれたひと
八ヶ岳倶楽部　杉坂信さん

武蔵野美術大学を卒業して、「八ヶ岳倶楽部」のスタッフとして働きながら野鳥撮影の腕を磨いてきた杉坂信さん。柳生さんの指導の下、八ヶ岳の野鳥について詳しくなりました。そんな杉坂さんが野鳥撮影初心者である高柳さんにレクチャーします。

※協力：富士フイルム・日本野鳥の会

カメラの設定
①シャッタースピード

野鳥は思ったより小さい生きものです。また動きや羽ばたきの速度が素早いのでシャッター速度優先AE（略号S、Tvなど）の撮影が適しています。枝に止まっているなら1/250秒、羽ばたきの瞬間止まったように撮影するには1/2000秒ほどの高速シャッターが必要です。また、種類や大きさによって動きの素早さも違います。基本的には小さい野鳥ほど素早く、速いシャッタースピードが必要になります。素早い一瞬の動きを逃さないよう高速連写モードで撮影しています。

そして、望遠レンズの撮影で最も気を付けないといけないのが手ブレです。X-T4は手ブレの起こらない機能を備えてはいますが、目安としては1/焦点距離のシャッタースピードに設定しましょう。例えば、400mmのレンズならフルサイズ換算で600mmなので、カメラ上の設定は1/640のシャッタースピードにすると手ブレの確率は低くなります。

比較的大きなカモでも動きを止めて写すには1/1000、翼の先端までピタリと止める場合は1/4000程の高速シャッターが必要です。また、逆にシャッター速度をあえて遅くし、翼だけをブラして躍動感のある写真を撮る手法もあります。
撮影データ：450mm相当 F5.6 1/800 ISO 320（羽ばたいているカルガモ）

この章の野鳥撮影：杉坂信（八ヶ岳倶楽部）

SUGISAKA LESSON

カメラの設定
②撮影モード

野鳥は小さい上に動きも激しいので、撮影モードの設定は重要です。お勧めはシャッター速度優先1/500〜1/1000でISO感度オート。高速シャッターに設定すると、ほとんどの場合で絞りは開放値になります。露出調整のため、ISO感度をオートにしておくとカメラが自動で露出補正してくれるのです。評価測光（マルチパターン測光）にしておくと、大きな失敗がありません。

APS-CセンサーのX-T4は高感度でも十分画質がいいので、ISO感度の上限を3200〜6400、フルサイズセンサーのカメラなら6400〜12800程度に設定しておくと暗い所でもシャッタースピードが下がりません。感度を上げるとノイズが増えますが、ブレた写真よりはいいですね。

撮影に慣れてきて画質にこだわりが出てきたら、ISO感度の上限を下げたり、ブレないぎりぎりのシャッタースピードを探っていくと思わぬ感動的な写真を撮ることができます。

飛んでいる野鳥を捉える場合は高速連写が必須。本格的に撮影していくと1日数千枚になることも。デジタルカメラはSDカードの性能によっても連写性能が変化するため、書き込みが速く容量が大きいSDカードを使用しましょう。
撮影データ：600mm相当 F4 1/2000 ISO 1000（飛んでいるカワラヒワ）

カメラの設定
③オートフォーカス

野鳥撮影にはオートフォーカス(AF)が最適です。常に動き回る野鳥を手動で捉えるのは、初心者にとって至難の技です。

まずはシングルAF（AF-S）に設定し、フォーカスするエリアを中央1点にして始めてみましょう。この設定では野鳥をファインダーの真ん中に捉える練習にもなります。しかし、木々や枝が入り組んだ状況ではAFのままだと周りの邪魔者にピントが合ってしまう場合があります。そんな場合は、その時だけマニュアルフォーカスにして野鳥だけにピントを合わせます。最初は難しいですが、X-T4のようなミラーレスカメラはピントの拡大表示ができるため、こういった急にマニュアルフォーカスを用いる際も正確なピント合わせが容易です。飛んでいる鳥を撮影する場合は、コンティニュアスAF（AF-C）に設定してフォーカスエリアをワイド、ゾーンなどにして追尾しながら撮影します。

レンズ越しにヤマガラと目が合った一枚。ピントを合わせる際はフォーカスエリアを目に合わせるのがポイントです。小さな鳥でもピントを体に合わせると顔がピンボケになってしまう場合もあります。
撮影データ：450mm相当 F5.6 1/800 ISO 1250（真正面のヤマガラ）

FUJIFILM
X-T4

「まずは身近な場所で練習してみる。」

自然の中で暮らす野鳥は人なれしていません。人の気配に敏感で、近寄るとすぐ逃げてしまいます。そこでまずは動物園やバードパークで飼育されている鳥で練習するといいでしょう。普段なかなか見られない海外の美しい鳥を撮影するのは楽しいものです。こういった施設で撮影する場合、柵などになるべく近付き絞りを開放にすると手前の柵がぼけて鳥をきれいに撮ることができます。また、普段、気付かないだけで都会の公園にも野鳥はたくさんいます。彼らは人間や騒音にも慣れていますので、カメラの設定や撮り方の練習にはぴったりでしょう。

SUGISAKA LESSON

練習する
①森の中を想定

基本的には森の中にいる野鳥たち。それを想定して都心の公園などで練習してみましょう。

野鳥の撮影は早朝が適していますが、薄暗い森を想定して夕方にもチャレンジしてみてください。薄暗い中ではシャッタースピードが遅くなり難易度が上がります。手ブレしないギリギリまでシャッタースピードを遅くするとISOが高くならず高画質で撮影できます。手ブレ防止には三脚や一脚を使いましょう。また、晴れている時、樹上の鳥を狙うと空の明るさで被写体が暗くなる場合があります。状況により＋1〜2など露出をプラスすると適切な明るさになります。X-T4などのミラーレスカメラはファインダーに露出結果が反映されるので便利です。

そして、パソコンやスマホで調整するなら、暗い写真を後から明るくした方がきれいです。明るくし過ぎないことが重要です。

暗い森の中ではF4など明るいレンズを使ってもISO感度が高くなりがち。現像する場合は、JPEGではなくRAWで撮影しておくと補正後の画質劣化を抑えられます。また、森の中では狂いやすいホワイトバランスの調整も後から自由にできます。
撮影データ：450mm相当 F4 1/640 ISO 1600（オスのオオルリ）

SUGISAKA LESSON

練習する
②アングルとトリミング

初心者が戸惑うのが、野鳥の小ささ。望遠レンズで撮っても思ったより小さく写ってしまいます。しかし、X-T4をはじめ最新鋭のカメラ機材は画素数が多く、トリミングで拡大しても十分きれいです。まずは真ん中に配置する簡単な“日の丸構図”で撮ってみましょう。慣れてきたら、鳥の目線の先に空間を作ると広がりを感じる構図になるのでぜひ挑戦を！ Instagramなど正方形で使う写真はこの“日の丸構図”が最適ですね！

また、野鳥をどアップで撮影するだけでは図鑑のような写真になってしまいます。ちょっとひいて周りの環境がわかるような構図にすると季節感や空気感なども伝わる写真になります。渡り鳥の群れなどに遭遇した時は思い切って広角〜標準レンズで撮影してもいいでしょう。慣れてきたら野鳥を風景の一部として考えて撮影してみましょう。

日の丸構図の場合でも、野鳥の目先の空間を空にするなど広がりを感じるようにすると見やすい写真になります。トリミングをいろいろ試しながら自分ならではの構図を作っていきましょう。
撮影データ：400mm相当 F5.6 1/640 ISO 1600（首をもたげたゴジュウカラ）

「動きや生態を知ると可能性が広がります。」

野鳥は種類によってさまざまな動きをします。また好む木や活動する場所など多様です。例えば、八ヶ岳南麓にはそんな野鳥たちが大好きな木々が多くあります。コマユミ、アオハダ、ヤドリギ、イチイなどといった餌となる植物を見付けると野鳥に出会う確率が上がります。春の芽吹きのころには桜の花やつぼみを食べたり蜜を吸ったり。秋には大きな柿や小さな木の実なども餌になります。もちろん、野鳥の餌は植物だけではありません。木の肌や地中にいる虫たちも大好物です。柳生さんが野良仕事を始めると集まってくる鳥たちは(P52参照)、柳生さんが土を返すとそこに虫たちがいることを知っているからなんですね。

SUGISAKA LESSON

野鳥の特性を知る ①食餌中

虫など動くものではなく、木の実などを食べている時は比較的警戒心が弱いので撮影のチャンスです。また餌をついばむ姿は愛らしく画になりますね。特に虫が少なくなる冬場は餌を求めて集団で行動する姿にも出会えます。

冬の八ヶ岳ではシジュウカラ、ヤマガラ、エナガ、コゲラなど数種類の小鳥が行動を共にする「混群」も見られます。

野鳥は餌を見付けると遠くから周りを警戒しながらやって来ますので、時間が掛かります。よって、餌の所にやって来る前にレンズを向けてしまうとそのまま飛び去ってしまうことがあります。餌を食べ始めるのをじっと我慢して待ちましょう。一度食べ始めれば、逃げてしまってもまた同じ所に戻ってきてくれることも多いので、諦めずにしばらく様子を見るといいでしょう。ただし、餌場に近付き過ぎたり長時間居座ることは避けましょう。

鳥の種類によっても木々の好き嫌いは分かれるので、近所で見られる木の種類をメモしておくと秋～冬に掛けてたくさんの野鳥に出会えるかもしれません。
撮影データ：300mm相当 F4.5 1/640 ISO 3200（コマユミの実を食べるオスのウソ）

SUGISAKA LESSON

野鳥の特性を知る ②水浴び中

野鳥のいる自然公園には所々に水を張った水盆が設置してあることがあります。これは野鳥たちの水浴び場「バードバス」です。大自然の中では池や水たまりで水浴びをする姿を見ることができます。

水浴び中は野鳥たちもリラックスモード。シャッタースピードを1/1000などにすると水しぶきまで写すことができます。水浴び中の鳥たちは飛び回る姿とは全く違った表情を見せます。思わぬシーンに歓声などを上げてせっかくのくつろぎを驚かせないようにしましょう。野鳥は1日に数回水浴びをします。これは季節を問わず、寒い冬にも見られる行動です。比較的浅い水たまりを好み、雨上がりの道にできた小さな水たまりにやって来ることもあります。

街中でも庭先やベランダに水場を作るといろいろな野鳥が来てくれます。浅いお皿を使うか、深めの器なら水深1～2cm程度になるよう底に小石を敷き詰めます。猫に狙われにくような所に置くのがお勧めです。水は毎日きれいに交換してあげましょう。
撮影データ：450mm相当 F5 1/800 ISO 1600（オスのショウビタキ）

SUGISAKA LESSON

野鳥の特性を知る ③警戒心の違い

野鳥は全て警戒心が強いかというとそうでもありません。種類によって随分違います。例えばヤマガラ。彼らは人がかなり近付いても逃げることがありません。こちらがじっとしていれば数m先まで近寄ってくれることもあるのです。逆に警戒心が強い野鳥の象徴と言えば猛禽類。クマタカやイヌワシですね。100m以上離れていても逃げてしまう場合があります。これらの野鳥は八ヶ岳にも多く生息していますが…なかなか遭遇できないのはそんな彼らの特性にもよります。野鳥専門のカメラマンは車でゆっくり移動しながら見付け、決して降りずに車窓から撮影をします。また、ブラインドという小さなテントで身を隠したり、カメラだけを置いてリモート撮影するなど大変な苦労をしています。それほど彼らは警戒心が強いのです。

人懐っこく学習能力が高いヤマガラ。平安時代に飼育されていたという記録もあり、一昔前までは神社の縁日などでおみくじを引く芸を披露する姿も見られました。
撮影データ：600mm相当 F4 1/1000 ISO 1250（雪の中のヤマガラ）

SUGISAKA LESSON

野鳥の特性を知る
④鳴いている時

野鳥がさえずっている時は同じ場所で鳴き続けることも多く、比較的近寄りやすいです。ただし、近付き過ぎると鳴くのをやめて飛んで行ってしまいます。その距離感は鳥によって違いますので、その都度メモなどして覚えるといいでしょう。

また、鳴き始める前に追い掛けてしまうと、大概逃げてしまいます。近付きたい時はなるべく身を屈めてゆっくり、そして静かに移動しましょう。鳥が鳴きやんだ時は警戒を始めた合図です。そのままゆっくり数歩下がってみると、また鳴き始めてくれることもあります。

近付く時に気をつけたいのが長時間何度も追い回してしまう事。野鳥は繁殖の為、さえずりで縄張りを主張している事もあります。他の撮影シーンも含め、どうしても近寄れない時は撮影を諦めて、遠くから双眼鏡での観察に切り替えるなど楽しみ方も変えましょう。

美しい歌声ときれいな姿から人気が高いキビタキ。野鳥は繁殖期に鳴くのは主にオスだけで、メスの姿を見付けるのは結構大変です。
撮影データ：500mm相当 F6.3 1/800 ISO 500（さえずるオスのキビタキ）

FUJIFILM

FUJIFILM
X-T4

必ず守ろう！

野鳥撮影のマナーとルール。

野鳥は大自然の中にいます。
それを捕獲することは言語道断ですが
撮影する場合も細心の注意が必要です。

❶ 撮影は鳥にとってはストレスです。

鳥から見たらカメラのレンズは巨大な目のようなもの。警戒して逃げてしまうのは当然です。野鳥にレンズを向ける時点でストレスを与える可能性があることをまずは考えておきましょう。

❷ 巣やひなに近付いてはいけません。

春から夏に掛けての繁殖期は他の時期より神経質になっています。巣作りや子育て中に撮影や接近で刺激を与えると営巣放棄につながる場合もあります。また、地面に落ちているひなを見付けても近付いたり拾ったりしてはいけません。巣立ち直後のひなは親鳥が近くで見守っているのです。

❸ 追い回してはいけません。

やりがちなのがこれ。夢中になってしまい追い掛け回すのは厳禁です。中には疲れたり病気で弱っている鳥がいるかもしれません。

❹ 情報公開はタブーです。

SNSなどで撮った写真を公開などする場合も営巣場所や珍鳥の目撃情報を流してはいけません。あっと言う間にネット上で拡散され鳥に危害を与えるだけでなく、近隣住民にも迷惑になるケースが相次いでいます。

❺ 餌付けはもちろん、環境改変も駄目。

野鳥は自然の中で生活する生きもの。鳥をおびき寄せるために餌付けをしたり、木や枝を切ってしまうカメラマンが問題になっています。これはマナーやルール以前の問題ですね。

❻ ストロボや音出しの禁止。

野生動物にとってカメラのストロボは強烈過ぎて危険です。また、鳥声を流しておびき寄せるのも鳥を疲弊させますので厳禁です。特に縄張り争い中の繁殖期は音や光に過敏です。

❼ 私有地や公共の場所での注意。

鳥を追い掛けて私有地に入ってしまったり、公園の植え込みを踏み荒らしてしまう事例もあります。また小道などを三脚で占有したり住宅などにレンズを向けることもやめましょう。

〈第三章〉高柳明音が八ヶ岳で野鳥を撮りました。

初めての野鳥撮影は紅葉の季節。
「八ヶ岳倶楽部」を中心に、3つの野鳥の森で撮影しました。
ちょうど紅葉が真っ盛り、
八ヶ岳連峰はもうすぐ初冠雪のころです。

［2020年秋］

シジュウカラ

ゴジュウカラ

カワラヒワ

カルガモ

この章の野鳥は全て高柳明音撮影

撮影した場所（いずれも地図はP110参照）
「八ヶ岳倶楽部」
「三分一湧水」
山梨県北杜市小荒間292-1
「飛沢溜池」
山梨県北杜市大泉町西井出

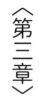

コガラ　600mm相当
F5.6 1/500 ISO2500

ヤマガラ 600mm相当
F5.6 1/1000 ISO2000

スズメ 600mm相当
F5.6 1/1000 ISO320

イカル 600mm相当
F5.6 1/800 ISO400

ヤマガラ 580mm相当
F5.6 1/1000 ISO640

ヤマガラ 540mm相当
F5.6 1/500 ISO500

ヤマガラ 420mm相当
F2.8 1/500 ISO3200

イカル 600mm相当
F5.6 1/1000 ISO500

シジュウカラ 600mm相当
F5.6 1/500 ISO500

ゴジュウカラ 600mm相当
F5.6 1/1000 ISO2000

ヤマガラ 480mm相当
F5.2 1/2500 ISO2500

ヤマガラ 600mm相当
F5.6 1/1000 ISO1600

ゴジュウカラ 500mm相当
F5.4 1/2000 ISO1000

マミチャジナイ 600mm相当
F5.6 1/1000 ISO500

柳生博・高柳明音 野鳥対談
「八ヶ岳の野鳥撮影を終えて。」

高柳　本格的なカメラで野鳥を撮るのは初めてだったんですが、すごく楽しいですね！　鳥たちがけっこう姿を見せてくれたのでうれしかったです。

柳生　野鳥は撮ったことがないって言ってたよね。初めてなのにたくさんの鳥に会えたのはラッキーだったね。八ヶ岳の森にはいろんな種類の鳥たちが来るから楽しいでしょう。

高柳　初めは姿を見せてくれなかったんですが、1羽来たら2羽、3羽と増えていきました。たまにこっちを見てるなと思って見ると目が合ったりして、鳥たちに見られてるなってずっと感じました。

柳生　やつらは鳥瞰してるからね。「あの子は誰だ？」「近付いてみよう

かな」って、上から見ているんだ。きっと君はもう覚えられているはずだよ。

高柳　覚えてくれたらうれしいです。撮影前に柳生さんに鳥たちの特徴を教えてもらっていたので、「あっ、あの子はネクタイの子だな」「あっちはカラフルな子だ！」って見付けるのが楽しかったです。

柳生　写真を撮る時は鳥のアップだけではなくて、鳥のいる環境を含めて撮るといいよね。季節はいつなのか、鳥たちはどんな実を食べているのか、そんなことが伝わってくる写真がいいなって思うよ。

高柳　柳生さんにそうアドバイスをいただいていたので頑張ってはみたんですが、目で鳥の姿を捉えても、ファインダーをのぞいた瞬間にいなくなってしまったりして、なかなか難しかったです。

柳生　カメラも重そうだもんね。体力も必要でしょう。

高柳　そうなんです。ずっと構えていると力不足でだんだん腕が震えてきちゃいました。でも、いい写真が撮れると本当にうれしいですね。

柳生　自然の中で自由に動き回る鳥の姿を撮るっていうのは、飼ってい

る鳥を撮るのとはまた違った楽しさにあふれているでしょう。どんな鳥に出会えた?

高柳　ゴジュウカラをずっと追っていました。それとヤマガラやイカルもいました。「いいね」「ありがとう」とか、ずっと話し掛けながら撮っていました。

柳生　それはいいね。僕も鳥やカモシカによく話し掛けるな。なんかグチュグチュ言っているのがいいんだよね。自分の存在を知ってもらうために、彼らを発見する前からしゃべりながら歩いて、自分の気配を出しておくんだ。それが自然にできる君は鳥に好かれると思うな。

高柳　そうなんですね、話しながら歩き回るのはいいんですね。「ごめんね、撮っちゃうよ」って言いながら、鳥たちのおしりも撮りました。うちのインコもそうなんですが、鳥のおしりってかわいくて好きなんです。

柳生　鳥たちの違った魅力が見えそうだね(笑)。写真を撮っていて感じたかな、インコの目と野鳥の目は違ったでしょう。

高柳　森の鳥たちはこっちを見ながらも、次は何をしようかなって周りも見回している感じがしました。

柳生　きょろきょろしているだろう。それが鳥瞰だよね。

高柳　うちのインコたちはいい意味でのんきに暮らしているのでリラックスし切っていて、周りに注意を払っているようなところはありませんね。

柳生　野鳥はひなでもすごい情報網を張っているよ。

高柳　撮影をしてて、鳥ってすごく頭がいいなって感じました。

柳生　頭がいいというのともちょっと違うんだけどね。

高柳　感覚ですか？

柳生　遺伝子的に分かっているって感じかな。撮影してみて、そういう自然の中の鳥の魅力もたくさん感じられたんじゃないかな。

高柳　はい、いろんな鳥の姿を見られて、カメラをやっていてよかったって本当に思いました。

柳生　カメラが自然の生きものと自分をつないでくれるんだよね。

高柳　今まで野鳥を撮る機会がなくて、野鳥を撮ってもプロのようには撮れないから、専門家にお任せすればいいかなって思っていたんです。でも自分で撮ってみて、プロにはもちろんかなわないけど、自分の視点で撮るのは楽しいなってすごく思いました。

柳生　君が感じたそのワクワクドキドキが写真には出るんだよね。君が撮った写真を見た時、空気感が初々しくていいなと思ったよ。

高柳　鳥が飛んでくる場所など、鳥の動きを教えてもらったので撮ることができました。観察することの大切さを実感しましたね。鳥の行動が分かっていないと撮れないですね。

柳生　観察は大切だね。いつも止まる枝が同じだったりして、よく見ていると、どの辺に飛んでくるか分かってくるんだ。いなくなっちゃったなと思っても、しばらく見ているとまた戻ってきたりしてね。

高柳　私、せっかちなのですぐ追っちゃうんです。「あっちに行った」「今度はこっちだ」って。

柳生　鳥と波長を合わせてゆったりと観察するといいね。カメラでは音が録れないけど、羽ばたく時の空気の音とか聞こえた？
高柳　木の実をつつくコンコンという音は聞きました。
柳生　いろんな音も感じられるようになると、さらに楽しくなるよ。そうなったら弟子入りさせてあげるよ（笑）。
高柳　頑張ります！　すごく楽しい時間だったので、また撮りに来たいと思います。
柳生　撮るたびに新しい発見や感動があると思うよ。またいつでもおいで。それとぜひ周りの人に君が感じたことを伝えてほしいな。そこから多くの人が自然に興味を持ち、自然の中に出掛けて、生きものや植物と触れ合う機会をたくさん持ってくれたらうれしいよね。
高柳　そうですね、実際に触れ合うことが大事だなって思いました。触れ合うことで自然や生きものを大切にしたいって思いも大きくなりますよね。たくさん発信していきたいと思います。

〈第四章〉
八ヶ岳で観られる
野鳥

※①⑦⑳㉓㉔は柳生真吾撮影。その他は杉坂信撮影。
※参考図書『フィールドガイド 日本の野鳥』(公益財団法人日本野鳥の会 発行)

③イカル

分類	アトリ科
大きさ	全長23cm
季節	1年中

黄色い大きなくちばし

体は灰色で翼、尾、頭上は青味のある黒色。大きく太い黄白色のくちばしで、堅い木の実や草の実をくだいて餌にする。山麓や平地の林の中にいて、キーコーキーとよく通る声で鳴く。

①アカウソ

分類	アトリ科
大きさ	全長15.5cm
季節	冬

口笛のようなさえずり

頭と翼の大部分は黒く、頬と喉が紅色で、胸は紅色を帯びた灰色。ヒーヒーホーと口笛のような低い声でさえずる。冬期は低地〜山地の林に小群ですみ、公園に来ることもある。

④ウソ

分類	アトリ科
大きさ	全長15.5cm
季節	1年中

花のつぼみが大好き

オスは灰色と黒色、メスは茶色と黒色の配色。オスは頬から喉に緋色がある。漂鳥だが、冬に渡来してくることも。群れを作り、桜並木や果樹園などで花のつぼみを食べてしまう。

②アトリ

分類	アトリ科
大きさ	全長16cm
季節	冬

数十万羽の大群で渡来も

黒と灰褐色、白色の模様で、喉から胸にかけて橙色。尾羽の先は魚の尾のような形。年によっては数十万羽という大群が渡来する。群れが飛ぶ時はキョキョキョと鳴き合う。

5 エナガ

分類	エナガ科
大きさ	全長13.5cm
季節	1年中

綿のような体に黒く長い尾

綿を丸めたような体に黒くて長い尾羽が付いた、体重8gほどのかわいらしい鳥。平地にも山地にもすみ、林の中を群れで移動し、秋冬には混群を作る。枝の間に球形の巣を作る。

8 カワラヒワ

分類	アトリ科
大きさ	全長14.5〜16cm
季節	1年中

飛ぶと翼に鮮やかな黄色

褐色の鳥に見えるが、飛翔時に翼の鮮やかな黄色帯がよく目立つ。キリコロロと鳴き、ビィーンなどとさえずる。林ばかりではなく、市街地の街路樹や公園などでも普通に見られる。

6 オオルリ

分類	ヒタキ科
大きさ	16.5cm
季節	夏

渓谷に響き渡る美しい声

オスは濃い青の背中に白いおなかのコントラストがよく目立つ。メスは茶褐色の地味な色彩。渓流沿いの林を好み、高い木の上で長時間、ピーリーリーなどと高く美しい声でさえずる。

9 キセキレイ

分類	セキレイ科
大きさ	全長20cm
季節	1年中

いつも尾羽をふりふり

細身で尾が長く、夏場は胸から腹にかけての黄色が鮮やかになり、オスは喉が黒くなる。渓流や河原などに多く生息し、いつも尾を上下に動かす習性がある。チチッと鳴きながら飛ぶ。

7 オオマシコ

分類	アトリ科
大きさ	17.5cm
季節	冬

美しい赤色が目を引く

オスは全体が桃色を帯びた赤色で、額と喉は銀白色。背に黒色の縦斑があり、翼には2本の白線。メスは全体に褐色味。山地の森林や低木林に生息し、チー、チーという鋭い声で鳴く。

10 キビタキ

分類	ヒタキ科
大きさ	全長13.5cm
季節	夏

美しい色と声を持つオス

南からやって来る夏鳥の中でも、オスは華やかな色合いと美しい声でひときわ目立つ。メスは地味な暗緑色。木の穴や建物の隙間などに巣を作る。渡りの時には市街地の公園にも来る。

13 ゴジュウカラ

分類	ゴジュウカラ科
大きさ	全長13.5cm
季節	1年中

木の幹を頭を下に下りる

頭から背、尾は灰青色、顔から胸は白色。目を通る黒線が目立つ。よく繁った落葉広葉樹林にすみ、木の幹を下を向きながら下りてくるのが最大の特徴。フィフィフィと高い声でさえずる。

11 コガラ

分類	シジュウカラ科
大きさ	全長12.5cm
季節	1年中

黒い帽子に蝶ネクタイ姿

頭が黒く、喉に小さな黒色の斑がある。ピピー、ホーヒーなど柔らかく高い声を繰り返してさえずる。標高の高い場所の針葉樹林や落葉広葉樹林に生息し、太い枝などに巣穴を自作する。

14 シジュウカラ

分類	シジュウカラ科
大きさ	全長14.5cm
季節	1年中

白い頬に黒いネクタイ

白い頬と、胸から腹を通る黒く太い縦線が特徴。平地から山地の林にすむが、市街地や住宅地でも多く見られる。ツピー、ツツピーと鳴いて、鳥の中でもいち早く春を告げる。

12 コゲラ

分類	キツツキ科
大きさ	全長15cm
季節	1年中

日本で一番小さいキツツキ

日本最小のキツツキ。背はこげ茶色に白い点模様がたくさんある。オスは後頭に橙赤色の羽があるが見えにくい。垂直な木の幹を上り下りする。ギィーッ、ギィーッと鳴く。

15 シメ

分類 アトリ科

大きさ 全長18cm

季節 1年中

尾が短くふっくらした体

全身茶系で、太っていて尾が短い。短かめのくちばしで堅い木の実などを割って食べる。平地の林の中に1羽か小さな群れでいて、冬は人家の近くにも姿を見せることが多い。

18 ツグミ

分類 ヒタキ科

大きさ 全長24cm

季節 冬

大群で渡来する冬鳥代表

10月ごろ、シベリアから大群で渡ってくる冬鳥の代表。田畑や低い山の林、草地に散らばってすむ。地面を数歩跳ねて胸を張って立ち止まり、また跳ねる動作を繰り返す。

16 ジョウビタキ

分類 ヒタキ科

大きさ 全長14cm

季節 冬

お辞儀してクワックワッ

オスは頭が銀白色、顔は黒色、腹は赤茶色。メスは体が灰色味のある茶色。翼に白斑がある。農耕地や住宅地、公園などに生息する。お辞儀をして尾を震わせながらクワックワッと鳴く。

19 ヒガラ

分類 シジュウカラ科

大きさ 全長14.5cm

季節 1年中

とんがり帽子によだれかけ

カラ類で最も小さい。頭に黒くて短い冠羽があり、後頭と頬が白い。喉に三角形の黒斑がある。針葉樹に好んで生息し、樹洞に巣を作る。ツピン、ツピンと高い声で早口でさえずる。

17 スズメ

分類 スズメ科

大きさ 全長14.5cm

季節 1年中

人間に一番身近な鳥

日本中の市街地や住宅地、人家のある集落に生息する人間に一番身近な鳥。短く太めのくちばしで草の種子などを食べる。大木や竹林をねぐらとし、夕方には集まって騒がしく鳴く。

20 ヒレンジャク

分類 レンジャク科

大きさ 全長17.5㎝

季節 冬

リーゼント風の頭が目印

体は丸みがあり、尾は短く先端が赤い。頭に長い冠羽があり、黒い過眼線が冠羽の先まで伸びている。日本には不定期に渡来し、市街地にも時々姿を見せる。木の実を食べる。

23 ヤマガラ

分類 シジュウカラ科

大きさ 全長14㎝

季節 1年中

器用な足で木の実つかむ

背、翼の上面は灰色、腹は褐色。頭は黒色と白っぽい褐色の模様。常緑広葉樹林の林を好み、巣は小さな樹洞などに作る。堅い木の実を両足で挟み、くちばしで割って食べる。

21 ホオジロ

分類 ホオジロ科

大きさ 全長16.5㎝

季節 1年中

枝で胸を張ってさえずる

全体は赤味のある褐色で、背に黒色の縦斑がある。オスは顔に白と黒の斑がある。チチッ、チチッと二声で鳴き、木のこずえや電線などの目立つ場所に止まって胸を張った姿勢でさえずる。

24 マヒワ

分類 アトリ科

大きさ 全長12.5㎝

季節 冬

群を作り木の種子食べる

全体がほぼ黄色に見え、オスの頭頂は黒色で体の黄色も鮮やか。尾は魚尾型。山地～平地の林で見られ、スギやハンノキなどの種子を食べる。1羽でいることは少なく、群を作る性質が強い。

22 ヤマセミ

分類 カワセミ科

大きさ 全長37.5㎝

季節 1年中

白黒模様の魚獲り名人

日本のカワセミ類で最大。白と黒のまだらで、頭の冠羽が特徴。魚が大好きで、水辺の横枝や岩などに止まって清流の魚を狙う。時には低空飛翔してから、水中に急降下して魚を獲る。

八ヶ岳
小淵沢
北杜市
東京
名古屋
大阪

柳生博さんがおススメ！

八ヶ岳探鳥MAP

八ヶ岳自然文化園
スポーツ施設やプラネタリウムなどもあるレジャー施設。整備された遊歩道があり、四季の植物と共にたくさんの野鳥との出会いも期待出来る。
八ヶ岳美術館
原村
八ヶ岳
赤岳
南牧村
野辺山高原
広大な草原や畑が広がり多数の夏鳥・冬鳥が飛来する人気の撮影地。冬場のフクロウウォッチングも有名でカメラマンが多数集まる。
野辺山
小海線
吐竜の滝
紅葉の名所。シーズンは混雑するので避けた方がいい。新緑と初冬のころには多くの野鳥が見られる。
諏訪南
長野県
県立まきば公園
レストランや地元名産の販売店もあり楽しめる観光スポット。八ヶ岳南麓の広大な風景が楽しめる。運が良ければ富士山と野鳥の撮影も。
富士見町
すずらんの里
富士見町役場
八ヶ岳倶楽部
清里
川上村
富士見
井富溜池および飛沢溜池周辺
今回、高柳明音さんが撮影に訪れた。原生林があるので平地では見られない珍しい鳥に出会う可能性も大きい。
清里湖(大門ダム)
森の中にあるダム湖で水辺の鳥と山野の鳥を両方楽しめる。広いので双眼鏡や望遠鏡があると良い。冬鳥のオシドリは300羽以上の群れになることも。
中央自動車道
中央本線
甲斐大泉
道の駅 こぶちさわ
甲斐小泉
信濃境
小淵沢
三分一湧水
八ヶ岳の山麓から湧き出る豊富な水量を誇る湧き水公園。きれいに整備されており散策にも最適。今回、高柳明音さんも訪れた。
道の駅 信州蔦木宿
道の駅 きよさと
八ヶ岳PA
釜無川
小淵沢
141
サントリー白州蒸溜所バードサンクチュアリ
野鳥の為に整備された森があり、無料で入場出来る。観察路では年間を通じて約50種類の野鳥と出会える。
長坂
山梨県
北杜市
北杜市郷土資料館
長坂
20
オオムラサキ自然公園
国蝶であるオオムラサキの保護区。約6haの広大な敷地には里山体験林などが広がり遊歩道も整備されている。様々な野鳥がやってくる。
道の駅 はくしゅう
白州・尾白の森名水公園
30分ほどで歩ける散策路は野鳥観察の初心者向け。ほかにも小川の散策路などもありBBQなど一日中楽しめるファミリー向けの自然公園だ。
鋸岳
日野春
須玉美術館
フレンドパークむかわ
南アルプスの山々に囲まれその中を大武川が流れる風光明媚な場所。風景写真の撮影も楽しめる。
須玉
北杜市役所
駒ヶ岳
穴山温泉
穴山
能見城跡
N
荒倉山
新府
韮崎市
0
5km
燕頭山
御座石鉱泉
地蔵ヶ岳
韮崎
韮崎

日本野鳥の会について

日本野鳥の会は1934年に設立された公益財団法人の自然保護団体です。「野鳥も人も地球のなかま」を合言葉に、野鳥や自然の素晴らしさを伝えながら、自然と人が共存する豊かな社会の実現を目指して活動しています。全国には86の支部があり、約3万5000人の会員さん、支援者さんと連携、協力しながら、日本各地のさまざまな問題に取り組んでいます。

僕は2004年から2019年まで会長を務め、現在は名誉会長をしています。会長を務めた15年間は、一人でも多くの方に自然や野鳥の素晴らしさ、会の活動について知ってもらい、もっと興味を持っていただきたいという思いで活動してきました。自ら各地に足を運び、自然の中に飛び込み、さまざまな方と自然や野鳥の素晴らしさについて語り合う中で、難しい自然科学を翻訳して普通の生活に下ろし、日本野鳥の会をこれまでよりも身近な団体にすることができたのではないかと思っています。

また、日本野鳥の会の活動は会費や寄付によって支えられていますが、その寄付活動の普及にも力を入れ、ご寄付いただく方が増えたことも一つの功績だと自負しています。

日本野鳥の会の会員になるには、資格も年齢制限もありません。野鳥や自然を大切に思う方ならどなたでも会員になれます。ぜひ、多くの方に興味を持っていただけたらうれしいです。一緒に野鳥と人が共に暮らせる社会をつくりましょう。

日本野鳥の会　https://www.wbsj.org/

公益財団法人 日本野鳥の会 名誉会長　柳生　博

八ヶ岳の野鳥に逢いにきました。

第1刷　2021年1月5日

著者　：柳生博・高柳明音
発行者　：田中賢一
発行　：株式会社東京ニュース通信社
〒104-8415 東京都中央区銀座7-16-3
電話　03-6367-8023
発売　：株式会社講談社
〒112-8001 東京都文京区音羽2-12-21
電話　03-5395-3606
印刷製本：株式会社シナノ

企画/編集/デザイン：株式会社ネオパブリシティ

撮影　：高柳明音　杉坂信・柳生真吾　松本幸治
協力　：八ヶ岳倶楽部
富士フイルム株式会社
エイベックス・マネジメント株式会社
荻野由香・横井陽子
推薦　：公益財団法人日本野鳥の会

ISBN978-4-06-521229-5